Nordhessen wird mobil

Flotte Flitzer in den 50er und 60er Jahren

Susanne Seidenfaden

Das Buch zur Leseraktion der

HNA

NORDHESSEN wird mobil

Flotte Flitzer
in den 50er und 60er Jahren

Wartberg Verlag

1. Auflage 2001

Satz und Layout: Typographische Dienste U. Weiss, Borken (Hessen)
Druck: Thiele & Schwarz, Kassel
Buchbinderische Verarbeitung: Buchbinderei Büge, Celle

34281 Gudensberg-Gleichen, Im Wiesental 1
Tel.: 0 56 03/9 30 50
www.wartberg-verlag.de
ISBN 3-8313-1261-3

Vorwort

Mit der BMW Isetta bis zum Gardasee, Ausflüge auf meist leeren Straßen (sofern man diese aus heutiger Sicht als solche bezeichnen kann), voll gepackte Kleinstautos für den Campingausflug – das Wirtschaftswunder nach dem Zweiten Weltkrieg bekam mit den ersten Autos in den fünfziger und sechziger Jahren in Nordhessen Gestalt. Was sind das für Einschnitte im Leben der stolzen Besitzer gewesen ...
Als Nordhessen mobil wurde, wurde natürlich auch diese Zeit auf ungezählten Fotos festgehalten. Die Resonanz auf die Leseraktion der Hessischen/Niedersächsischen Allgemeinen gemeinsam mit dem Wartberg Verlag war riesig. Hunderte von Fotos erreichten die Redaktion, dazu natürlich unzählige Anekdoten, die sich um die Autos, ihre Geschichte und die gemeinsame Zeit mit den Besitzern ranken. Wie lange musste auch für den kleinsten Kleinwagen gespart werden. So wurden die Rechnungen in den Familien-Fotobänden mit aufbewahrt, schließlich dokumentieren sie die Anschaffung des ersten Wohlstandssymbols. Und das zu Preisen, die mit Blick auf heutige Autos zwar niedrig erscheinen, beim genauen Hinschauen jedoch angesichts des damaligen Einkommensniveaus und der heutigen technischen Ausstattung der Automobile durchaus eine gewaltige Summe darstellten.
Dieser Fotoband gibt die Eindrücke jener Zeit wieder. Den Stolz der Besitzer, den Charme der Autos, die bewundernden Blicke der Kinder, die Faszination des Autofahrens in Nordhessen – und in fernen Ländern. Das Weite kam näher, Unerreichbares wurde erreichbar – die Zeitenwende nahm ihren Lauf.

Susanne Seidenfaden

Die 50er und 60er Jahre waren die Zeiten des Aufbruchs. Noch lag vieles in Schutt und Asche, doch die Auflagen der Besatzungskräfte wurden nach und nach gelockert und fielen bald ganz weg. Das Selbstwertgefühl stieg, man war wieder wer. Langsam kam der Straßenverkehr auch wieder auf Vordermann. Waren zuvor Schusters Rappen und die Eisenbahn gefragt, setzte jetzt der Autoboom ein. Die Menschen genossen die Freiheit, die ihnen die neu gewonnene Mobilität schenkte, und sparten jeden Pfennig, um sich einen Roller, ein Motorrad oder gar ein Auto leisten zu können.
Die Autoindustrie wurde schnell zu einem der bedeutendsten Faktoren in der deutschen Wirtschaft. Am 19. April 1951 eröffnete Bundespräsident Theodor Heuss in Frankfurt die erste Internationale Automobilausstellung (IAA). Zehn Tage lang wurden in 13 Hallen die neuesten PKWs und LKWs vorgestellt. Es kamen 600000 Besucher. Damit hatte Deutschland den Anschluss an den Weltmarkt erreicht, das deutsche Wirtschaftswunder konnte beginnen.Politik und Wirtschaft unterstützten zudem den Ausbau der Straßen und den Aufbau der Motorrad- und Automobilindustrie. In der Mitte der 50er Jahre entfielen auf 1000 Einwohner bereits 33 PKWs, das Auto avancierte zum Liebling der Deutschen und wurde geradezu wie ein Familienmitglied verhätschelt. Der Stolz der Besitzer spiegelt sich in den vielen Fotos wider.

▼Mit dem **Opel-Kapitän**, Baujahr 1950, fuhren diese Herren im Jahr 1952 zum KSV-Spiel und ließen sich sichtlich zufrieden neben dem noblen Gefährt ablichten. Eingesandt wurde das Bild von **Erich Knothe**, KSV-Star in den 50er Jahren, aus Vellmar.

▲Der **Ford Eifel-Cabrio** mit 1,5 l Hubraum war die ganze Wonne von **Dieter Schmutte** aus Fritzlar. Das Auto war bereits 1938 gebaut worden und hatte irgendwie den Krieg überstanden. Es erregte im Jahr 1954, als Schmutte es mit 25 Jahren erwarb, nicht nur bei seinem Vater (Foto) Aufsehen wie heutzutage ein Oldtimer.

▲Eine Nobelkarosse erster Güte konnte der spätere Melsunger Bürgermeister **Dr. Erhart Appell** im Jahr 1955 fahren. Damals freilich war er als Werksstudent Fahrer bei einer Bank und durfte nur während seiner Arbeitszeit hinter das Steuer des **Mercedes 170 S-D**. Von dem Auto wurden ab 1953 rund 150 000 Stück gebaut.

▶Auf der **350er Horex Regina** (Baujahr 1954) ging's in die nahe Umgebung. Auf dem Foto fährt **Dieter Kusan** aus Homberg seine junge Ehefrau Helma, geborene Petersen, durch Kassel.

Lassen Sie
sich durch
nichts beirren
das ist
die richtige Waschmethode
woll
neu
So weiss
wascht

◀ In seiner Freizeit ging es bei **Dr. Erhart Appell** (im Bild vor dem Wagen) weniger nobel, dafür aber originell zu. Ein **Autounion DKW** aus dem Jahr 1933 hatte es ihm und seinen Freunden angetan. Das Auto wurde kurzerhand reaktiviert.

▼ „Es war für die damalige Zeit schon etwas Besonderes, einen **Heinkel Motorroller** zu haben", schreibt **Georg Nolte** aus Kassel. In der Tat gehörten diese Motorräder zu den höherklassigen Modellen. Mit seiner damaligen Freundin, die mittlerweile seit 42 Jahren seine Ehefrau ist, erkundete er auf dem „Heinkel 175 ccm" aus dem Jahr 1958, die Umgebung. Obwohl es noch keine Pflicht war, war sich Nolte der Gefahren des Straßenverkehrs durchaus bewusst und fuhr mit Helm.

Mit dem **Dreirad mit Hilfsmotor** machte im Jahr 1957 **Paul Becker** aus Bad Arolsen die Gegend unsicher. „Auch ein Stück Mobilität: Mein Dreirad mit Hilfsmotor, das mir damals mehr Unabhängigkeit und Lebensqualität bei meiner Gehbehinderung gab", schreibt Becker. Da störte es ihn auch nicht sehr, dass er bei Regen immer mitstrampeln musste, weil der Keilriemen, der das Vorderrad antrieb, rutschte. Mit dem Dreirad ging's sogar zum Zelten an den Diemelsee, wo das Foto entstand. Auf dem breiten Gepäckträger fand das gesamte Gepäck Platz.

▲ Auch er war etwas Besonderes: Der **Zündapp Janus** aus dem Jahr 1958, den der Kfz-Meister **Johannes Vössing** aus Fuldatal besaß.

▲ Der **VW-Transporter**, den **Hugo Kolle** (ganz rechts) aus Fürstenhagen im Jahr 1955 für seine Elektrofirma erstand, diente auch als Transportfahrzeug bei Betriebsausflügen. Mit Gesellen und Lehrlingen der Firma sowie Sohn Horst (zweiter von links) ging's nach Frankfurt zum Flugplatz und in den Zoo. Übernachtet wurde in Schlafsäcken in und um das Auto herum. Bärbel Broll, geborene Kolle, hat das Foto eingeschickt und erinnert sich heute noch daran, dass der Transporter 14 Jahre in der Firma blieb und das liebste und zuverlässigste Auto ihres Vaters war.

▲ Ernst blicken die beiden Herren in die Kamera und präsentieren das erste **Goggomobil** der **Familie Friesleber** aus Borken. 1956 erwarb die Familie das Auto, im Februar 1958 entstand das Foto.

◀ Eine Fahrt ins Grüne unternahm **Dr. Christian Borkowsky** aus Kassel im September 1953 mit seiner **250er DKW**, einem funkelnagelneuen Motorrad, das sogar über Teleskopfederung verfügte. Die kurze Verschnaufpause nutzte seine Frau, um auch einmal auszuprobieren, wie es sich als Fahrerin sitzt.

▲ Diese beiden Damen schmücken sich mit fremden Federn: Das Motorrad, eine **BMW R 25/2**, mit 245 ccm und 12 PS aus dem Jahr 1953, gehörte **Karl-Heinz Schabacker** aus Baunatal. „Die Aufnahme wurde am 30.05.1954 gemacht", schreibt er. „An diesem Tag startete ich mit meinem Freund Walter Reichwein aus Eschwege zu einer dreiwöchigen Fahrt an die Riviera von Marseille bis Genua. Neben dem Motorrad stehen unsere damaligen Freundinnen und heutigen Ehefrauen, die zur Verabschiedung gekommen waren." 17 Tage später und mit 3439 Kilometern mehr auf dem Tacho kamen die beiden zurück, gerade rechtzeitig, um im Radio zu verfolgen, wie die deutsche Fußballnationalmannschaft am 17. Juni 1954 im Spiel gegen Ungarn Weltmeister wurde.

▲Den **NSU-Fiat 500 C** kaufte der Bäckermeister **Heinz Schönewald** aus Ahnatal im Jahr 1960. Er brauchte ihn vor allem im Winter, denn seine Freundin und spätere Ehefrau wohnte in Homberg. Das Foto zeigt Heinz Schönewald mit seinem Vater und dem Auto bei einem Ausflug an die Weser.

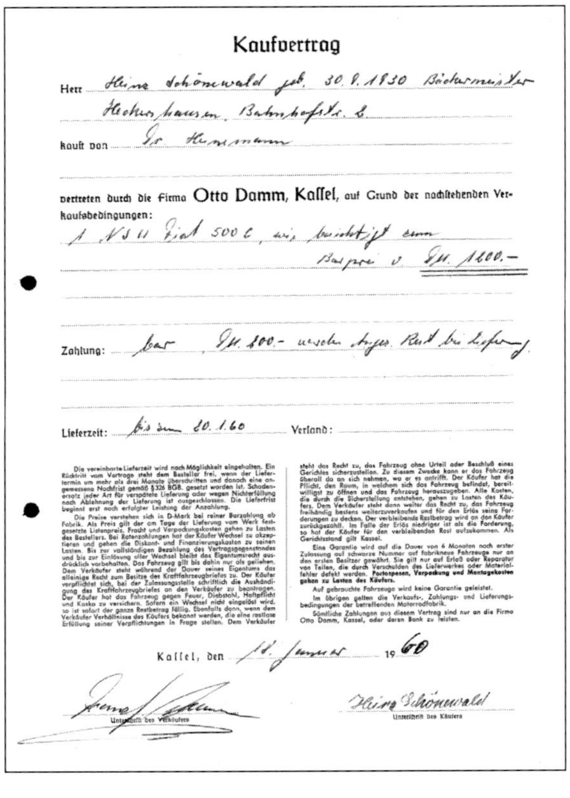

Kaufvertrag

Herr Heinz Schönewald geb. 30.9.1930 Bäckermeister
Heckershausen, Bahnhofstr. 2.

kauft von Dr. Heinemann

vertreten durch die Firma **Otto Damm, Kassel,** auf Grund der nachstehenden Verkaufsbedingungen:

1 NSU Fiat 500 C, wie besichtigt zum
Barpreis v. DM. 1600.–

Zahlung: bar, DM. 800.– ... Rest bei Lieferung.

Lieferzeit: bis zum 20.1.60 Versand:

Die vereinbarte Lieferzeit wird nach Möglichkeit eingehalten. Ein Rücktritt vom Vertrage steht dem Besteller frei, wenn der Liefertermin um mehr als drei Monate überschritten und danach eine angemessene Nachfrist gemäß § 326 BGB. gesetzt worden ist. Schadenersatz jeder Art für verspätete Lieferung oder wegen Nichterfüllung nach Ablehnung der Lieferung ist ausgeschlossen. Die Lieferfrist beginnt erst nach erfolgter Leistung der Anzahlung.

Die Preise verstehen sich in D-Mark bei reiner Barzahlung ab Fabrik. Als Preis gilt der am Tage der Lieferung vom Werk festgesetzte Listenpreis. Fracht und Verpackungskosten gehen zu Lasten des Bestellers. Bei Ratenzahlungen hat der Käufer Wechsel zu akzeptieren und gehen die Diskont- und Finanzierungskosten zu seinen Lasten. Bis zur vollständigen Bezahlung des Vertragsgegenstandes und bis zur Einlösung aller Wechsel bleibt das Eigentumsrecht ausdrücklich vorbehalten. Das Fahrzeug gilt bis dahin nur als geliehen. Dem Verkäufer steht während der Dauer seines Eigentums das alleinige Recht zum Besitze des Kraftfahrzeugbriefes zu. Der Käufer verpflichtet sich, bei der Zulassungsstelle schriftlich die Aushändigung des Kraftfahrzeugbriefes an den Verkäufer zu beantragen. Der Käufer hat das Fahrzeug gegen Feuer, Diebstahl, Haftpflicht und Kasko zu versichern. Sofern ein Wechsel nicht eingelöst wird, so ist sofort der ganze Restbetrag fällig. Ebenfalls dann, wenn dem Verkäufer Verhältnisse des Käufers bekannt werden, die eine restlose Erfüllung seiner Verpflichtungen in Frage stellen. Dem Verkäufer steht das Recht zu, das Fahrzeug ohne Urteil oder Beschluß eines Gerichtes sicherzustellen. Zu diesem Zwecke kann er das Fahrzeug überall da an sich nehmen, wo er es antrifft. Der Käufer hat die Pflicht, den Raum, in welchem sich das Fahrzeug befindet, bereitwilligst zu öffnen und das Fahrzeug herauszugeben. Alle Kosten, die durch die Sicherstellung entstehen, gehen zu Lasten des Käufers. Dem Verkäufer steht dann weiter das Recht zu, das Fahrzeug freihändig bestens weiterzuverkaufen und für den Erlös seine Forderungen zu decken. Der verbleibende Restbetrag wird an den Käufer zurückgezahlt. Im Falle der Erlös niedriger ist als die Forderung, so hat der Käufer für den verbleibenden Rest aufzukommen. Als Gerichtsstand gilt Kassel.

Eine Garantie wird auf die Dauer von 6 Monaten nach erster Zulassung auf schwarze Nummer auf fabrikneue Fahrzeuge nur an den ersten Besitzer gewährt. Sie gilt nur auf Erlaß oder Reparatur von Teilen, die durch Verschulden des Lieferwerkes oder Materialfehler defekt werden. **Portospesen, Verpackung und Montagekosten gehen zu Lasten des Käufers.**

Auf gebrauchte Fahrzeuge wird keine Garantie geleistet.

Im übrigen gelten die Verkaufs-, Zahlungs- und Lieferungsbedingungen der betreffenden Motorradfabrik.

Sämtliche Zahlungen aus diesem Vertrag sind nur an die Firma Otto Damm, Kassel, oder deren Bank zu leisten.

Kassel, den 18. Januar 1960

Unterschrift des Verkäufers

Heinz Schönewald
Unterschrift des Käufers

▶Bis nach Vaduz in Liechtenstein zum Camping fuhr **Karl Stock** aus Kassel mit seinem Champion. Interessant ist das Kennzeichen: H stand für Hessen, 94 für die Stadt und die 4630 für die Zulassungsnummer.

H94-4630

◀ ▶ ▼ Halb Motorrad, halb Auto, das war der **Messerschmidt Kabinenroller**, der im Volksmund **„Schneewittchensarg“** genannt wurde. Er verfügte über zwei Sitzplätze hintereinander, zwei Räder vorne, eins hinten, einen Motorradlenker (Foto: **Georg Walter**, Kassel) und eine Plexiglashaube. Das 10 PS starke Gefährt erreichte stolze 100 km/h. **H. Schindehütte** aus Kassel schickte das Bild der beiden jungen Mädchen, das am 1. Mai 1955 bei Ludwigstein festgehalten wurde.

▲ **„Zatopek – das kleine Wunder"**, so wurde der **Champion** der Autowerke Ludwigshafen im Volksmund genannt. 1952 kaufte **Karl-Heinz Höfer** aus Ahnatal das damals zwei Jahre alte Gefährt vom Pfarrer des Ortes für 1300,– DM. Ihm sind vor allem der ewig defekte Handstarter des Wagens und eine wenig schöne Heimfahrt nach einem Achsschenkelbruch im Fuldatal im Gedächtnis geblieben.

▲ Und noch einmal der ehemalige Melsunger Bürgermeister **Dr. Erhart Appell**, diesmal ganz flott im Jahr 1955 auf einem **NSU-Lambretta-Motorroller**.

SCHIEBEDACH MUSSTE STÄNDIG GEÖFFNET SEIN

Frank paßt in kein normales Auto

2,20 Meter großer amerikanischer Student fährt quer durch Europa

Kassel (d). Kurz hinter Butzbach mußte Heinz Schaumburg (21) aus Kassel das Schiebedach seines Zweisitzers trotz kühler Witterung bis hinten aufreißen. Sein Beifahrer hätte sonst keinen Platz für seinen Kopf gehabt. Der mitleidige Ober im Kasseler Rasthaus brachte gleich freiwillig eine doppelte Portion Kartoffeln zur Bratwurst. Alles für Frank C. Wilcox (23) aus Denver im Staate Colorado (USA), der mit seinen 2,20 Metern in kein normales Auto und keinen normalen Anzug paßt und dem keine normale Mahlzeit reicht. „Ich hatte in Frankfurt schon von dem US-Riesen gehört, der seit Jahren seinen Europa- und Nordafrikatrip vorbereitet hat. Bei Butzbach saß er dann an der Autobahn plötzlich vor mir und bat mich, mitgenommen zu werden. Er sprach recht gut Deutsch. Aber wir konnten uns auch auf Englisch verständigen", erzählte Heinz Schaumburg aus Kassel, Gräfestraße 2, der gerade von einer Urlaubsfahrt zurückkehrte.

▶ Auf der Autobahn gabelte **Heinz Schaumburg** aus Kassel (heute Fuldabrück) 1958 den Weltenbummler Frank C. Wilcox auf. Den **Fiat 500 C**, genannt **Topolino**, hatte er gerade als sein erstes Auto gekauft. Glück für den langen Amerikaner war, dass der Wagen ein Schiebedach hatte, denn sonst hätte er mit 2,20 m Größe wohl kaum bequem Platz gefunden bei der Fahrt von Butzbach nach Kassel. Das kuriose Treffen mit dem langen Ami brachte Schaumburg und seinem geliebten Topolino sogar einen Zeitungsartikel in den Hessischen Nachrichten ein.

▲ Unverhofft kommt oft: Den prächtigen **Lloyd 600** konnte **Ingrid Hammermüller** aus Kassel im September 1956 als Gewinnerin des Hauptpreises mit nach Hause nehmen.

▲ „Wenn ich an meine Autofahrerzeit zurückdenke, steht der **DKW** immer im Mittelpunkt“, schreibt der heute 82-jährige **Heiner Riehm** aus Niestetal. Bereits 1938 hatte er den Führerschein Klasse 2 gemacht, doch bis zum eigenen Auto musste er noch einige Zeit warten. Das war dann ein DKW Meisterklasse aus dem Jahr 1952 mit einem Zweizylinder-Zweitaktmotor mit 23 PS und einer Spitzengeschwindigkeit von 100 km/h. Der Wagen war richtig schnieke: ein Cabrio mit einer Karman-Karosserie, lindgrün mit dunkelgrünem Verdeck und dunkelgrüner Motorhaube. Mit 7880,– DM Grundpreis plus Reifenzuschlag hatte er auch einen ordentlichen Preis für die Zeit. Das Bild zeigt Heiner Riehm mit seinem geliebten DKW im Jahr 1954.

▲ Ein häufig gefahrenes Auto war auch die **BMW Isetta** (im Volksmund „Knutschkugel"). 1959 ließ sich **Horst Bauer** aus Söhrewald mit seiner **BMW Isetta 300** (*Foto unten*) fotografieren. Es war ein Exportmodell mit Rechtslenker, einer Klimatür, einem Tandem-Scheibenwischer und einem zweiten Außenspiegel. Mit 13 PS und einem Hubraum von 298 ccm brachte das kleine Gefährt auch schon 85 km/h Höchstgeschwindigkeit. Als Familienkutsche diente **Irene und Wilhelm Förster** aus Kassel (*Foto oben*) ihre **Isetta** aus dem Jahr 1956. Der kleine BMW scheint überhaupt ein Platzwunder gewesen zu sein: Mit Familie, Kind, Kegel, Reisegepäck und Zelten fuhren viele Familien ins ungetrübte Urlaubsvergnügen.

◀ Bei Wind und Wetter gut eingepackt fuhr **Helmut Breth** aus Immenhausen mit seinem Glanzstück, einer **BMW 250**, übers Land. Das Bild entstand 1954.

▲ Ein reines Sommerfahrzeug war der **Opel Olympia** aus dem Jahr 1952, den der Zahnarzt **Wilhelm Schulz** (rechts am Bildrand) aus Kassel am Ende der 50er Jahre fuhr. Sein Enkel und Einsender des Fotos, Dr. Bodo Hagen aus Espenau, erinnert sich genau an den Wagen: „Der PKW hatte eine Drei-Gang Lenkradschaltung, wurde nur im Sommer gefahren und im Winter in der Garage aufgebockt, da er keine Heizung hatte.“

▲ Für ihn waren die 50er Jahre die schönsten überhaupt! **Helmut Eckhardt** aus Neuental hatte sich zunächst einen Lutz Hilfsmotor für sein Fahrrad und 1950 bei der Firma Lenders in Fritzlar eine 98er NSU Quick gekauft. 1954 war's so weit: Eine **NSU 125er Lambretta** konnte er sein Eigen nennen. Hochmodern ausgestattet, ohne Kickstarter, nur mit elektrischem Anlasser. „Benzin auf, Starterklappe ziehen, starten und schon ist der Roller≠ an", schreibt der Roller-Fan, der sein 47 Jahre altes Gefährt heute noch besitzt und fährt. Chrom und Lack sind noch vom Feinsten und die Uhr zum Aufziehen geht auch noch. Das Foto von Helmut Eckhardt und seiner Frau auf dem Sozius entstand 1955 auf einer Heuwiese.

◀ ▲ **Badewanne** – so hieß der **Ford 17 M** wegen seiner unverwechselbaren Form. Er hatte 55 PS unter der Haube und bot schon eine ganze Menge Luxus, den seine Besitzer sichtlich genossen. **Georg Geisel** aus Holzburg ließ sich stolz in seinem funkelnagelneuen Ford 1962 fotografieren. Aus dem Jahr 1964 stammt die Aufnahme von **Margarethe Heckmann** (*Foto unten*) mit ihrer „Badewanne“. Interessant auch die Nummernschilder, die noch keine Landkreise kennzeichneten, sondern einzelne Orte. Schnell kamen lästernde Reime auf wie: „HOG (für Hofgeismar), ZIG (für Ziegenhain) und MEG (für Melsungen) müssen von der Straße weg“.

▲ Immer mal Ärger mit dem Faltdach, das klemmte, bis das Auto sich endlich oben ohne präsentierte. Daran erinnert sich die ehemalige dpa-Mitarbeiterin **Margit Meyer** aus Kassel, wenn sie an ihr **Karman-Cabrio** zurückdenkt. Am 2. April 1966 hatte sie das 50er Jahre Modell für 100,– DM gekauft und den Kauf nie bereut, denn es gab „gar keine Panne mit der Susanne“, so schreibt sie.

▶ Nur ein einziges Exemplar des **Renault Floride S Cabrio** gab es laut **Dr. Christian Borkowsky** in Kassel. Mit dem chicen Wagen aus dem Jahr 1961 präsentiert sich Frau Borkowsky stilgerecht am Park Wilhelmshöhe mit dem Schloss und dem Herkules im Hintergrund.

▼ Weniger auf Komfort Wert gelegt hatte **Ralf Oriwald** aus Großalmerode in den 50er Jahren. Er besaß dafür eine Rarität, ein Fahrzeug, das nach dem Krieg in Salzgitter gebaut worden war. Es war ein **amerikanischer Jeep** aus dem Jahr 1942, bei dem der Radstand um einen Meter verlängert worden war. Als Aufbau diente ein Holzrahmen mit Sperrholzplatten und Glasscheiben. Die Kapazität des Fahrzeugs war beachtlich: Vorne war eine durchgehende Sitzbank, die mittlere Bank konnte geklappt werden und hinten gab es noch mal zwei Klappsitze. So hatte man nach Bedarf eine große Ladefläche oder Sitzplätze für bis zu neun Personen. Angetrieben wurde der umgebaute Jeep mit Gas, er war aber umschaltbar auf Benzin. Ungewöhnlich waren auch die sechs Vorwärts- und zwei Rückwärtsgänge sowie der Allradantrieb.

▲ „Die Nachkriegszeit war vergangen, man reiste inzwischen wieder komfortabler, wie hier bei Bad Wildungen", schreibt **Uwe Schmidt** aus Schwalmstadt, der hier eine kleine Pause mit seinem **Volkswagen** einlegte.

▲ „Bin ich nicht eine tolle Autobiene?" Stolz blickt die kleine **Helma Eisenberg** (heute Weber) während einer Pause nahe Iba bei Rotenburg aus Papas **BMW 600**. 1960 wurde das gute Stück als Vorführwagen bei der Firma Bachmann in Bad Sooden-Allendorf für 3400,– DM gekauft. Es verfügte über einen luftgekühlten Boxermotor, vier Sitzplätze und war grün mit einem Dach in dezentem Beige.

▶ Drei Jahre später kam die nächst größere und wesentlich bequemere Version, ein knallroter **BMW 700**, ins Haus **Eisenberg**. 4300,- DM kostete der Neuwagen bei der Eschweger Firma Ruhland. Er hatte ebenfalls vier Sitzplätze und einen luftgekühlten Boxermotor im Heck.

▶ Ein **Vespa-Roller** war in den 60er Jahren absolut in. Wer den hatte, konnte sich weiblicher Begleitung sicher sein. Mit dem Petticoat saßen die Mädels auf dem Beifahrersitz und ab ging's zum Tanzen oder zum Samstagnachmittag-Ausflug. Auch **Norbert Becker** und sein Freund Wolfgang besaßen Vespa-Roller. „Über viele Jahre genossen wir gemeinsam die gewonnene Freiheit und Mobilität und unternahmen Fahrten quer durch die Republik auf noch so herrlich leeren Straßen", erinnert sich der Einsender. Beim gemeinsamen Urlaub ließen sich die beiden Freunde, die später Schwager wurden, am Diemelsee 1960 fotografieren.

▲ Bereits mit 18 Jahren konnte sich **Heinz-Werner Spohr** aus Schwalmstadt ein eigenes Auto leisten. Es war ein **Fiat 850** aus dem Jahr 1964 mit 34 PS. Das Foto entstand im Oktober 1969.

▲ Ein kleiner Gewinn im Fußball-Toto ermöglichte dem jungen Diplom-Ingenieur und späteren Leiter des Staatsbauamtes **Gerhard Ickler** den Kauf seines ersten Fahrzeuges. Es war ein gebrauchter **Opel Rekord**, Baujahr 1954, mit der hohen Fahrleistung von bereits 120 000 km. „Gut vier Jahre hat mich das damals schon alte, aber für mich dennoch neue, erste Auto trotz eines Federbruches auf Urlaubsfahrt und ständiger Reparaturanfälligkeit treu begleitet", blickt Ickler zurück. Schöne Fahrten mit seiner damaligen Freundin und heutigen Frau Dagmar standen auf dem Programm. 1964 entstand das gezeigte Foto. 1965 musste er sich schweren Herzens von seinem Wagen trennen: Das technische Überwachungsamt schickte den Opel, der inzwischen 180 000 Kilometer auf dem Tacho hatte, in den Ruhestand. Für 50,– DM fand er bei einem Schrotthändler sein Ende.

▲ Das **Goggomobil** war ein recht häufig gesehenes Fahrzeug auf deutschen Straßen. Selten jedoch war die 400er Ausführung, da sie nicht mit dem alten Führerschein Klasse 4 gefahren werden durfte. **Manfred Knierim** aus Rotenburg besaß 1964 ein Goggomobil Coupé 400 TS, das 1961 von der Isaria-Maschinenfabrik Hans Glas in Dingolfing gebaut worden war. Der Motor hatte einen Hubraum von 392 ccm und leistete 18,5 PS. Bei 10 Liter Zweitakt-Gemisch auf 100 Kilometer erreichte das kleine Auto eine Spitzengeschwindigkeit von 120 km/h.

▶ Einen neuen **Renault Dauphin** leistete sich **Irmgard Auel** aus Homberg/Efze im Jahr 1963.

▼ Er war das Symbol des deutschen Wirtschaftswunders: **der Käfer**. Bereits 1950 lief der 100 000. Käfer vom Band, 1955 zählte man die erste Million. Auch wenn Komfort und das Modell selber immer weiter entwickelt wurden, haftete man bei Volkswagen an einigen Komponenten wie dem luftgekühlten Heckmotor. Ins waldreiche Nordhessen kamen diese jungen Leute mit ihren VW-Käfern 1963 zum gemütlichen Plausch und trafen sich sonntags mit ihren Freundinnen im Reinhardswald. **Uwe Schmidt** aus Schwalmstadt hat die stolzen Käfer-Besitzer im Foto festgehalten.

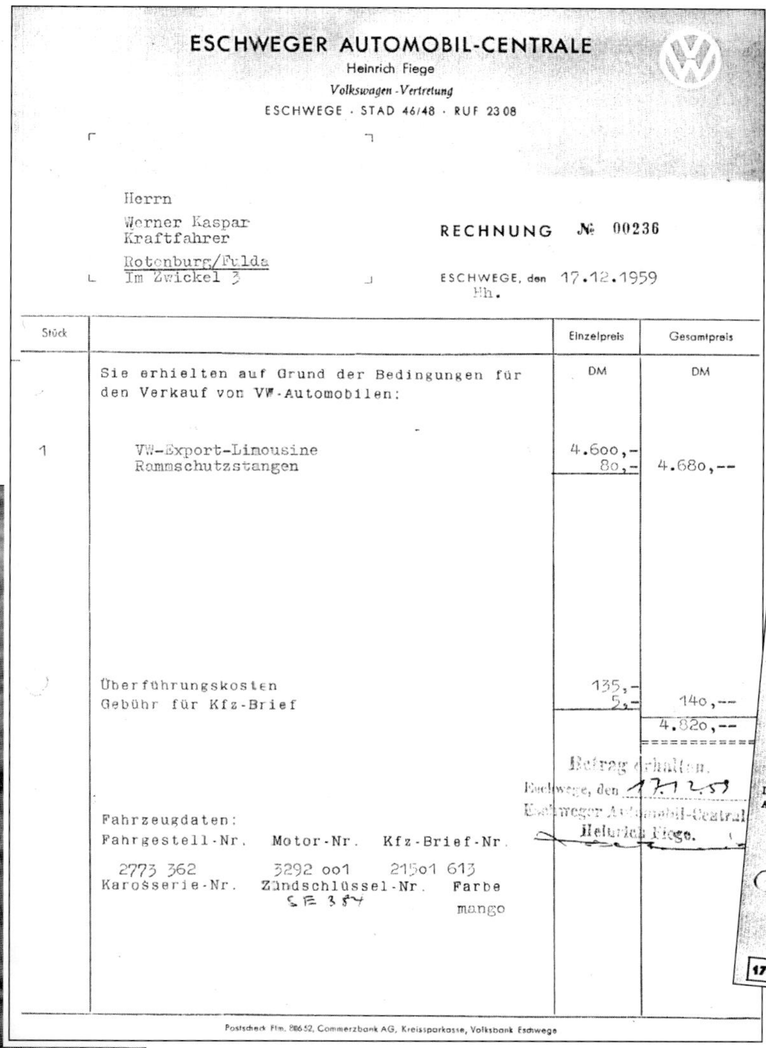

ESCHWEGER AUTOMOBIL-CENTRALE
Heinrich Fiege
Volkswagen-Vertretung
ESCHWEGE · STAD 46/48 · RUF 23 08

Herrn
Werner Kaspar
Kraftfahrer
Rotenburg/Fulda
Im Zwickel 3

RECHNUNG № 00236

ESCHWEGE, den 17.12.1959
Hh.

Stück		Einzelpreis	Gesamtpreis
	Sie erhielten auf Grund der Bedingungen für den Verkauf von VW-Automobilen:	DM	DM
1	VW-Export-Limousine	4.600,-	
	Rammschutzstangen	80,-	4.680,--
	Überführungskosten	135,-	
	Gebühr für Kfz-Brief	5,-	140,--
			4.820,--

Betrag erhalten.
Eschwege, den 17.12.59
Eschweger Automobil-Central
Heinrich Fiege.

Fahrzeugdaten:
Fahrgestell-Nr. 2773 362 · Motor-Nr. 3292 001 · Kfz-Brief-Nr. 21501 613
Karosserie-Nr. · Zündschlüssel-Nr. SE 384 · Farbe mango

Postscheck Ffm. 88652, Commerzbank AG, Kreissparkasse, Volksbank Eschwege

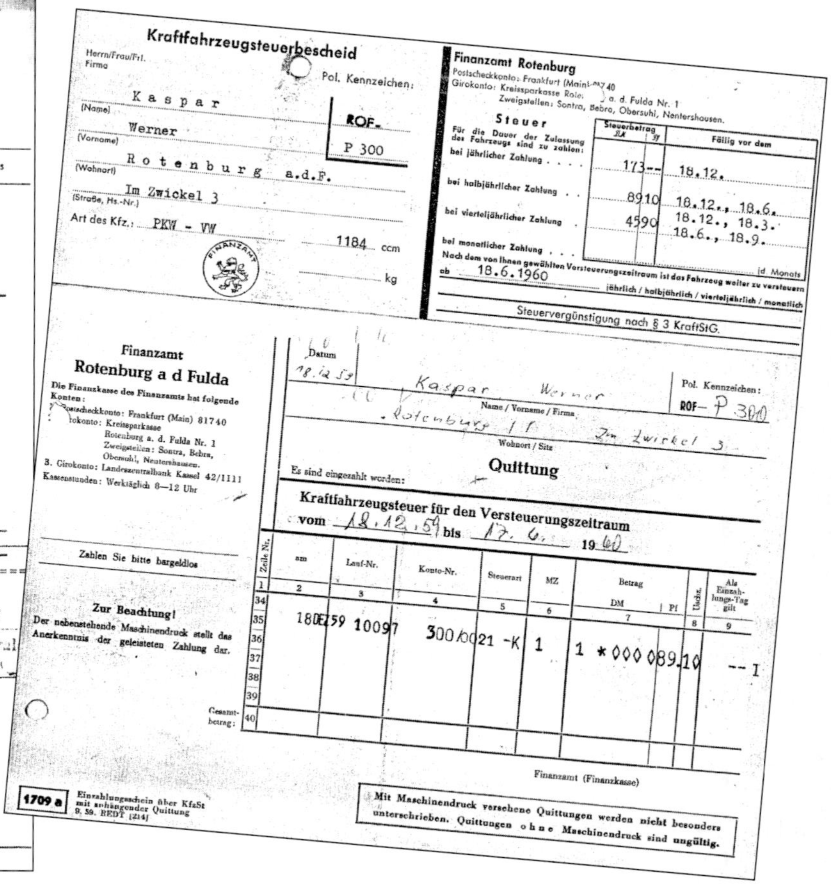

Kraftfahrzeugsteuerbescheid

Herrn/Frau/Frl. Firma
Kaspar (Name)
Werner (Vorname)
Rotenburg a.d.F. (Wohnort)
Im Zwickel 3 (Straße, Hs.-Nr.)
Art des Kfz.: PKW - VW · 1184 ccm · kg

Pol. Kennzeichen: ROF- P 300

Finanzamt Rotenburg
Postscheckkonto: Frankfurt (Main) 81740
Girokonto: Kreissparkasse Rotenburg a. d. Fulda Nr. 1
Zweigstellen: Sontra, Bebra, Obersuhl, Nentershausen.

Steuer

Für die Dauer der Zulassung des Fahrzeugs sind zu zahlen:	Steuerbetrag DM	Pf	Fällig vor dem
bei jährlicher Zahlung	173	--	18.12.
bei halbjährlicher Zahlung	89	10	18.12., 18.6.
bei vierteljährlicher Zahlung	45	90	18.12., 18.3. 18.6., 18.9.
bei monatlicher Zahlung			jd. Monats

Nach dem von Ihnen gewählten Versteuerungszeitraum ist das Fahrzeug weiter zu versteuern ab 18.6.1960 jährlich / halbjährlich / vierteljährlich / monatlich

Steuervergünstigung nach § 3 KraftStG.

Finanzamt
Rotenburg a d Fulda
Die Finanzkasse des Finanzamts hat folgende Konten:
Postscheckkonto: Frankfurt (Main) 81740
Girokonto: Kreissparkasse Rotenburg a. d. Fulda Nr. 1
Zweigstellen: Sontra, Bebra, Obersuhl, Nentershausen.
3. Girokonto: Landeszentralbank Kassel 42/1111
Kassenstunden: Werktäglich 8—12 Uhr

Zahlen Sie bitte bargeldlos

Zur Beachtung!
Der nebenstehende Maschinendruck stellt das Anerkenntnis der geleisteten Zahlung dar.

Datum 18.12.59
Kaspar Werner
Name / Vorname / Firma
Rotenburg / F. Im Zwickel 3
Wohnort / Sitz
Pol. Kennzeichen: ROF- P 300

Quittung

Es sind eingezahlt worden:
Kraftfahrzeugsteuer für den Versteuerungszeitraum vom 18.12.59 bis 17.6. 1960

Zeile Nr.	am	Lauf-Nr.	Konto-Nr.	Steuerart	MZ	Betrag DM	Pf	Uschr.	Als Einzahlungs-Tag gilt
1	2	3	4	5	6	7		8	9
34									
35	18DEZ59	10097	300/0021	-K	1	1 *000089	10		--I
36									
37									
38									
39									
40 Gesamtbetrag:									

Finanzamt (Finanzkasse)

1709 a Einzahlungsschein über KfzSt mit anhängender Quittung 9. 59. REDT [214]

Mit Maschinendruck versehene Quittungen werden nicht besonders unterschrieben. Quittungen ohne Maschinendruck sind ungültig.

▲ Sogar auf die Fuldawiese zur Heuernte nahm **Werner Kaspar** aus Rotenburg seinen geliebten VW-Käfer mit. 1959 hatte er die **VW-Export-Limousine** mit Rammschutzstangen als Extra bei der Eschweger Automobil-Centrale, Heinrich Fiege, für 4820,– DM erstanden. Das Finanzamt Rotenburg stellte jährlich eine Kfz-Steuer in Höhe von 173,– DM in Rechnung.

▲Zum Abschluss des Kapitels noch einmal der **Messerschmitt-Kabinenroller**: Wie in einer Flugzeugkanzel, den Lenker fest im Griff, zeigt sich hier strahlend die **Ehefrau von Georg Walter** aus Kassel, der dieses Foto im Juni 1956 schoss.

Das war los in der Autowelt der 50er Jahre

1951 518 Firmen aus aller Welt stellen bei der Internationalen Automobilausstellung (IAA) in Frankfurt ihre PKWs und LKWs aus. 600 000 Besucher bestaunen die Exponate, die in 13 Messehallen auf 68 500 Quadratmetern ausgestellt sind. Clou für die Deutschen ist der Mercedes 300, der über sagenhafte 115 Pferdestärken verfügt und 155 km/h fährt. Zur Ausstattung gehören so exclusive Dinge wie ein Zigarettenanzünder, Klimaanlage und Standheizung. Sechs Personen finden auf bequemen Clubsesseln im Inneren des Luxus-Gefährtes Platz. Die Limousine kostet 19 900,– DM, das Cabrio 23 700,– DM.

1952 Autobesitzer gehören zur eher seltenen Spezies: Nur 903 575 PKWs sind in Deutschland zugelassen. Die sind im Verhältnis zum Einkommen recht teuer. 16 Brutto-Monatslöhne muss ein Arbeiter aufbringen, um sich einen 25-PS-Volkswagen leisten zu können.

1953 Der Messerschmidt-Kabinenroller KR 175 wird auf der IAA vorgestellt. Man sitzt wie in einer Flugzeugkanzel, das Gefährt hat vorne zwei Räder, hinten eins und eine Plexiglashaube. Im Volksmund wird der Kabinenroller schnell „Schneewittchensarg“ getauft.

1954 Der Straßenverkehr hat rapide zugenommen. Auf den schlecht ausgebauten Straßen bewegen sich mittlerweile 2,2 Millionen Krafträder, 1,3 Millionen PKWs, 600 000 LKWs, 2 300 Omnibusse, 5 800 Straßenbahnen und 15 Millionen Fahrräder. Die Entwicklung der Straßenverkehrsordnung hinkt hinterher: Es gibt nach wie vor keine Geschwindigkeitsbegrenzung außer- und innerhalb geschlossener Ortschaften, die Promillegrenze für Fahruntüchtigkeit liegt bei 1,5. 11 469 Menschen sterben in diesem Jahr bei Verkehrsunfällen, 317 280 werden verletzt. 82 Prozent der Unfälle werden durch menschliches Fehlverhalten verursacht, an erster Stelle steht das Nichtbeachten der Vorfahrt, gefolgt von falschem Überholen und überhöhter Geschwindigkeit. Duisburg trumpft mit den ersten Parkuhren der Republik auf. 10 Pfennig muss für eine Stunde Parken bezahlt werden. Nur im Winter ist Parken in Duisburg kostenlos: dann nämlich frieren die Parkuhren ein.

1955 Die Isetta von BMW kommt auf den Markt. Einstieg durch die Front und zwei Sitze kennzeichnen das Auto. Es kostet 2580,– DM. Auch die Goggo T 250 Limousine ist neu. Sie fährt 72 km/h Spitze und kostet 3 097,– DM.

1958 Schicker, größer, komfortabler – das sind mittlerweile die Attribute der Autoindustrie. Limousinen mit viel Chrom und kleinen Heckflossen sind in. Der Traum vieler Familien ist der geräumige Opel Kapitän. 10 250,– DM kostet das völlig neu herausgebrachte Modell in diesem Jahr. Nach amerikanischem Vorbild hat der 80-PS-Wagen gerundete Stoßstangen, durchgehende Zierleisten, verchromte, vorspringende Scheinwerfer. Nur 6 830,– Mark dagegen kostet die zweitürige „Badewanne“, ein Ford Taunus 17M mit 60 PS und 125 km/h Spitze. Der kleine Straßenkreuzer hat keine Heizung, die kostet 170,– DM extra, das außer-serienmäßige 4-Gang-Getriebe noch mal 98,– DM.

Das war los in der Autowelt der 60er Jahre

1960 Immer mehr Freizeit wird im Auto verbracht, mittlerweile kann man sogar vom Auto aus Kinofilme sehen. Das erste Autokino für 1 200 PKWs eröffnet in Gravenbruch. Immer zwei PKW teilen sich eine Säule, über die der Filmton und Heizungswärme ins Auto gelangen. Außerdem gibt es einen Rufknopf, mit dem Speisen und Getränke ans Auto bestellt werden können. Der Eintritt kostet pro Person 2,75 DM.

1961 Mittlerweile hat jeder elfte Deutsche ein Auto, das sind 112 von 1 000 Einwohnern. Die Firma Borgward in Bremen geht pleite, 15 200 Beschäftigte der Borgward-Werke „Goliath“ und „Lloyd“ sitzen auf der Straße.

1965 Ab 1. Januar tritt das zweite Straßenverkehrsgesetz der Bundesrepublik in Kraft. Es gibt darin unter anderem härtere Strafen für Verkehrssünder.

1967 Erstmals drängen japanische Autohersteller auf den Markt. Honda präsentiert den S 800, der ab 7750,– DM kostet und als Coupé oder Cabrio erhältlich ist. Neuzulassungen der japanischen Autos liegen bei 454, ein Jahr später sind es schon fast 2000.

1969 Die Firmen Autounion und NSU fusionieren: Sie werden gemeinsam zu Audi.

Wann immer es ging, wurden Kind und Kegel ins Auto verfrachtet, Ausfahrten gemacht oder die Familie besucht. Beliebt war es bei der jüngeren Generation, am Abend oder auch am Wochenende den Wagen von den Eltern zu leihen, um mit der Freundin eine Fahrt ins Blaue zu machen. Freilich ging das nicht ohne Gegenleistung und so waren junge Männer und Frauen häufig mit Arbeiten im und ums Haus beschäftigt, bevor sie für ein oder zwei Stunden das Familiengefährt für sich beanspruchen durften.

▲ „Endlich brauch' ich im Schnee nicht mehr zu laufen", scheint sich dieser kleine Mann zu freuen. Das Foto aus dem Jahr 1962 schickte **Helmuth Markert** aus Kassel. Es zeigt einen **Lloyd 600** aus dem Jahr 1960, den die Familie Markert als zweijährigen Gebrauchtwagen für 1 000,– DM gekauft hatte.

▶ Auf dem Tank der **Zündapp 175 S** aus dem Baujahr 1956 durfte **Manfred Langner** aus Fritzlar im Jahr 1961 als kleiner Bub mitfahren. Das Motorrad gehörte seinem Onkel **Helmut Sauer** aus Lohne, der ebenfalls auf dem Foto zu sehen ist.

◀ Opa **Konrad Degenhardt** setzte seine Enkel **Manfred Langner und Lothar Herwig** fürs Foto kurzerhand auf die Kühlerhaube seines blank gewienerten **DKW** aus dem Jahr 1953. Selber aufs Auto kriechen oder gar darauf herumturnen war aber sicherlich verboten.

▶ Stolz auf seine Familienkutsche präsentiert sich hier **Werner Kasper** aus Rotenburg an der Fulda. Der **Mercedes 190 D** aus dem Jahr 1965 konnte schon eine vielköpfige Familie komfortabel transportieren und verfügte nebenbei noch über einen großen Kofferraum.

◀ Eine Fahrt durch den Schnee im Bergpark Wilhelmshöhe wagte **Erhard Steinigk** aus Söhrewald im Januar 1959. Vielleicht hatte er zum Anschieben das Auto mit Freunden voll geladen. Ob es allerdings dazu kam oder der Wagen ohne stecken zu bleiben durch die Schneemassen kam, ist nicht bekannt.

◀ Loslösung von der Familie und auf zwei eigenen Beinen stehen, das war für die 22-jährige **Inge Ziche** aus Kassel mit ihrem ersten Auto möglich. Für 1750,– DM kaufte sie 1961 den **VW-Käfer** aus dem Jahr 1953 und ließ sich damit im Werratal fotografieren.

▼ Spazierfahrten in Nordhessen unternahm die Familie von **Hans Günter Neumann** aus Kassel mit dem **Kleinschnittger** aus dem Jahr 1952. Das Gefährt hatte 5,5 PS und fuhr 45,5 km/h Höchstgeschwindigkeit.

▲ Eine Rarität war **Magdalena Peter** aus Melsungen, die sich 1961 einen funkelnagelneuen luftgekühlten **BMW 700** für 5150,– DM kaufte. „Im Jahr 1961 hatten noch wenige Frauen einen Führerschein oder ein eigenes Auto“, erinnert sie sich an diese Zeit.

▶ Für zwei Verliebte reichte der „Schneewittchensarg“, ein **Messerschmidt-Kabinenroller** aus dem Jahr 1954. **Georg Walter** aus Kassel schickte das Hochzeitsfoto mit seiner glücklichen Braut, das am 17. Mai 1955 entstand. Zum Fahrzeug macht er die Angaben: 175 ccm, elektrischer Anlasser, kein Rückwärtsgang und als Extra ein Sonnenschutzsegel!

Frischgebackenes
EHEPAAR
bittet alle Verkehrsteil-
nehmer um Rücksicht
H
94- 353
D

◀ Die kleine Schwester Margret durfte auch schon mal mitfahren, wenn **Herbert Ring** aus Zierenberg auf Tour ging. Das Bild entstand 1959 am Fuße des Dörnbergs und zeigt Rings erstes Auto, einen **Ford Taunus Spezial**, im Volksmund **Buckelford** genannt. Er war Baujahr 1951, Ring kaufte ihn 1959 gebraucht und gab ihn 1961 zu Gunsten eines Opel Rekord P1 wieder ab.

▶ Noch waren die Straßen außerhalb der Stadt holprig und verwandelten sich bei Regen schnell zu einer ziemlich schlammigen Angelegenheit. Doch bei Trockenheit freuten sich Mutter und Sohn offensichtlich auf einen schönen Ausflug, wie das Bild aus dem Jahr 1961 von **Ursula Fischer** aus Borken zeigt. Das Auto ist ein **180er Mercedes**.

◀ Dem Auto aufs Dach klettern durften schon mal Nichte Evelyn und Neffe Michael beim **Fiat 500**, Baujahr 1959, von **Jürgen und Doris Perlwitz** aus Kassel. Die beiden haben jede Menge lustige Begebenheiten mit ihrem Auto erlebt, an die sie sich heute noch gerne erinnern. „Trotz einiger lieber Macken, wie Startproblemen bei Luftfeuchtigkeit und Kälte, hat uns unser Stoppelhopser überall hingebracht", schreiben sie. „Urlaubsfahrten nach Österreich waren kleine Abenteuer mit Fahrzeiten bis zu 10 Stunden! Fahrten nach Frankfurt dauerten in der Regel vier Stunden. Bei starkem Frost schaffte es die Heizung kaum, die Windschutzscheibe frei zu blasen. Dann waren warme Handschuhe, eine Thermoskanne heißer Kaffee und für den Beifahrer eine warme Wolldecke angesagt." Bis zum Jahr 1966 blieb der kleine Fiat, der dann bereits einen Tachostand von 100 000 Kilometern anzeigte, bei der Familie Perlwitz. Das Foto entstand 1962 kurz vor Antritt einer Ausflugsfahrt mit den beiden schick gemachten Kindern.

▶ Beim Weltspartag 1955 entstand dieses Bild, das der ehemalige Melsunger Bürgermeister **Dr. Erhart Appell** schickte. Es zeigt einen **Mercedes 170 S-D** aus dem Jahr 1953, den Appell als Werksstudent-Fahrer für eine Bank fuhr.

▲ Wenn der Schwiegersohn in spe den Wagen ordentlich wusch, erbarmte sich der Vater von **Leni Schellhase** aus Malsfeld auch mal und ließ das junge Paar mit dem **Opel** zu einer Spritztour am Wochenende aufbrechen. Das Bild entstand im Jahr 1959.

▶ Fein gekleidet zum Familienausflug präsentiert sich hier Papa **Hermann Fischer** mit seiner kleinen Tochter Gudrun im Jahr 1957. Das Auto ist ein **DKW Autounion**, Baujahr 1957, mit 65 PS. Eingeschickt wurde das Bild von Gudrun Janson, geborene Fischer, aus Kassel.

Trinkwasser
NSU

▲ Im Familienurlaub in Berchtesgaden in 1952 entstand das Bild vom **Ford Eifel**, der von seinem Besitzer **Erich Knothe** aus Vellmar gerade gründlich gereinigt wird.

◀ Und auch das konnte einem mit der Familie passieren! Nach einem Besuch erlebte **Georg Walter** aus Kassel diese Überraschung: Mit Trinkwasser betankte ein kleiner Junge sein erstes Fahrzeug, eine **NSU-Quick** mit 98 Kubik, 2 PS, Ball-Hupe und Rücktrittbremse. Walter nahm's mit Humor und fotografierte den kleinen Schlingel im November 1953.

Man muss sich die Zeit in den 50er Jahren vor Augen führen, um zu begreifen, was es bedeutete, ein Auto zu haben. Noch immer lag vieles in Schutt und Asche. Die wenigen vorhandenen Wohnmöglichkeiten wurden aufgeteilt. Es gab Einquartierungen von Wohnungslosen und Flüchtlingen. In den Häusern und Wohnungen herrschte qualvolle Enge. Man musste sich plötzlich mit wildfremden Menschen das eigene Bad, die eigene Küche teilen, meistens stand zwei Personen nur ein Zimmer zur Verfügung. Man fühlte sich ständig beobachtet, Streitereien waren an der Tagesordnung. Was muss es da für ein Reichtum gewesen sein, diesem Mief zu entfliehen und mit dem Auto in die Freiheit zu fahren?

▶ Mit dem runden **Opel-Kapitän** von Heinrich Sippel ging's 1953 an den Edersee. Mit dabei waren die Schwestern Erika und Hildegard Sippel. **Hildegard Kempf** (geborene Sippel) aus Schwalmstadt-Treysa hat dieses Erinnerungsfoto aus dem Album ihrer Schwester geschickt.

▲ Im April 1955 taten sich die vier Freunde Helmut Rüdiger, Joachim Krüger, Hans-Joachim Voigt und Klaus Hillmann zusammen und kauften sich einen **BMW-Dixi** mit 15 PS und 750 ccm. Sie überholten das Fahrzeug mit dem Baujahr 1930 optisch und technisch und verbrachten ihre Freizeit in und mit dem Oldtimer. Das Bild zeigt **Joachim Krüger und Hans-Joachim Voigt** beim Beladen des Dixi während eines Urlaubes auf einem Campingplatz am Bodensee. In den folgenden Jahren machten die vier Freunde mit dem Dixi noch Urlaubsfahrten an die Nordsee und nach Italien, erinnert sich der Einsender des Bildes, Hans-Joachim Voigt aus Schauenburg.

▲ Raus zum Picknick und wenn's auch nur am Straßenrand war. Das Bild der Familie, die im **VW-Bus**, Baujahr 1962, die Möglichkeit zum gemeinsamen Ausflug nutzt, schickte **Uwe Schmidt** aus Schwalmstadt.

▶ Mit dem Auto direkt neben das Zelt fuhr **Horst J. Rasche** aus Borken-Großenenglis mit seinem **VW-Käfer**. 1958 hatte er den Führerschein der Klasse 1 und 3 gemacht. Dafür brauchte er eine Fahrstunde mit dem Motorrad und vier Fahrstunden mit dem Auto. Einschließlich Prüfungsgebühr kostete ihn der Führerschein damals 169,50 DM.

◀ Wie es scheint, hatten Kfz-Reparaturwerkstätten noch keine Hochkonjunktur. Kleinere Reparaturen versuchte man selber zu erledigen. Hier wird der Benzintank eines **DKW**, Baujahr 1933, bei dem sich der Tank noch im Motorraum befand, kontrolliert. Das Foto aus dem Jahr 1958 stellte der ehemalige Melsunger Bürgermeister **Dr. Erhart Appell** zur Verfügung.

▶▼ Einen **Adler Trumpf Junior**, Baujahr 1939, nannte Jean Weigand aus Kassel sein Eigen. Das Auto war in jeder Lebenslage dabei. Stolz präsentieren sich der Einsender des Fotos, **Joachim Frey**, und ein englischer Austauschschüler, Barry Antell, 1954 an die Kühlerhaube des schicken Automobils gelehnt. Für das Blütenfest am Jungfernkopf in Kassel wurde der Adler im Mai 1954 festlich geschmückt.

▶ Der Hauptgewinn beim Fritzlarer Pferdemarkt 1954 war dieser lindgrüne **Ford 15 M** mit 55 PS. Sicherlich war er der Traum vieler Besucher des Pferdemarktes. Um so erstaunlicher ist es, dass der Gewinner des Autos den Ford nicht haben wollte. „Der Gewinner hat den Gewinn nicht angenommen und sich auszahlen lassen", erinnert sich **Philipp Kochensperger** aus Fritzlar.

▲ Auch so verbrachten die jungen Leute ihre Freizeit: Mit dem Motorrad, einer **100 ccm Adler**, Baujahr 1951, nahm Otto Rininsland aus Freudenthal 1953 an einem Geschicklichkeitsrennen in Wernswig teil. Das Foto stammt von **Helga Günther** aus Kassel.

▲ An einen **Autokorso**, der 1965 für die SPD auf die Straße ging, erinnert **Georg Geisel** aus Holzburg mit seinem Foto.

▲Noch ein Korso, diesmal mit Motorrädern, fuhr durch Treysa. Das Bild, auf dem unter anderem eine **Horex**, Baujahr 1952/53, zu sehen ist, entstand im August 1954 und wurde von **Uwe Schmidt** aus Schwalmstadt geschickt.

▶Die schöne **Isabella** aus dem Hause **Borgward** (Baujahr 1960) war es, mit der die Kasselerin **Anneliese Marquardt** zwei französische Gymnasiastinnen aus Toulouse nach Hannoversch' Münden fuhr, um ihnen den Zusammenfluss von Werra und Fulda zu zeigen. Die beiden jungen Französinnen waren Mitte der 60er Jahre auf Einladung des Cercle francais nach Kassel gekommen.

▲ Viele gute Erinnerungen an die Zeiten mit dem Auto in den 50er und 60er Jahren hat der bekannte Musiker **Ray Binder** aus Melsungen. „Rockn' Roll und Automobil – eine ganz tolle Aufbruchstimmung Anfang der 60er Jahre", schreibt das nordhessische Rock & Blues Urgestein zu seinen Fotos. Seine Eltern, Rosl und Stefan Binder, waren 1956 stolz, mit ihrem ersten PKW, einem **VW-Käfer**, eine Sonntagsspazierfahrt zu machen *(Bild oben rechts)*. Das Ehepaar besaß das VW-Autohaus Binder in Hofgeismar. Da hatte der junge Ray auch gleich die Möglichkeit, direkt nach der Führerscheinprüfung im Jahr 1963 ein schickes **Käfer-Cabriolet** zu fahren *(Bild oben links)*. Das Foto zeigt Ray Binder (mit Gitarre) und seinen kleinen Bruder Kalle, der im Auto steht. Schon ein Jahr später ging's mit der eigenen Band, der „Rolling-Beat-Band", auf Tour. Transportmittel war eine „Ente", ein **Citroen 2CV**. Auf dem *Bild unten* sind die Bandmitglieder Dieter Knauer, Ray Binder, Wolfgang Biskupek und Peter Schneider (von links nach rechts) zu sehen.

▲ Das Auto war überall dabei – und wenn es auf der Liegewiese am Baggersee war, wie hier das Foto von **Leni Schellhase** aus Malsfeld beweist, das 1959 gemacht wurde.

◀▲Manche Freundschaft währt ein Leben lang: **Dr. Werner Kolbe** aus Kassel kaufte 1954 ein Motorrad der Marke **Puch**. Auf das rotglänzende Gefährt mit 250 ccm, 16,5 PS und einer Höchstgeschwindigkeit von 110 km/h musste er fast vier Monate ab Bestellung warten. Eine der ersten Ausfahrten ging an Himmelfahrt in den Reinhardswald *(Bild links)*. Als die Familie größer wurde, kam zum Motorrad ein **Beiwagen** dazu, in dem der Sohn Platz fand. Auch wenn Dr. Kolbe bereits 1956 ein Auto bekam, so war und ist das Motorradfahren doch stets seine große Leidenschaft, der er mit der Puch bis Anfang der 90er Jahre frönte *(Bild oben)*. Dann tauschte er sie gegen ein MotoGuzzi-Gespann mit 850 ccm aus. Die Puch freilich hat einen Ehrenplatz im Hause Kolbe: Heiß und innig geliebt und regelmäßig geputzt steht sie nach wie vor in der Garage und erinnert die Familie Kolbe an schöne gemeinsame Zeiten.

Die Nordhessen packte bald die Reiselust, und so ging es mit dem Auto in die umliegenden Bundesländer und ins angrenzende Ausland. Beliebtestes Reiseziel in den 60er Jahren war Italien, allem voran der Gardasee. Nach dem Motto „Raum ist in der kleinsten Hütte“ fanden Familie, Zeltausrüstung und Gepäck im Wagen Platz. Bepackt wurden nicht nur der Koffer- und Innenraum, sondern auch Dächer, Kotflügel und das Reserverad. Es gab auch schon Pioniere des heutigen Ferntourismus, die es in die weite Welt zog. Sie scheuten kaum Mühen, legten auf Bequemlichkeit keinen Wert und suchten das Abenteuer bei Fernreisen in weiter entfernt gelegene Länder. Zu ihnen gehörten **Joachim Krüger und seine Frau** aus Kassel.

▲ Mit einer **NSU Lambretta** fuhren Joachim Krüger und seine Frau 1958 bereits nach Jugoslawien. Das Bild zeigt **Frau Krüger** beim Kartenstudium am Gardasee.

▲ ▶ ▼ Zwei Jahre später starteten die beiden mit ihrem **Fiat 600** zu einer Reise nach Griechenland. „Vor allem die Straßen von Skopje nach Sibenik waren sehr schlecht. Der Straßenbelag bestand aus „Makadam“, das ist Schotter mit Schlaglöchern. Unser Fahrzeug war ein **Fiat 600 Jagst**, Baujahr 1958/59, mit Faltschiebedach, Weißwandreifen und ganzen 19 PS. Wir schafften die ganzen 5 500 Kilometer ohne Panne“, erinnert sich Joachim Krüger. Im Süden von Jugoslawien hatten die Krügers tierische Begleitung von etlichen Eseln, die ihre schwere Last auf dem Rücken trugen *(Bild oben)*. Dabei erfuhren sie, dass nicht nur kleine Kinder, sondern auch die als stur geltenden Grautiere überaus neugierig sind *(Bild Mitte)*. In der Nähe von Prizren an der albanischen Grenze ging die Fahrt nur noch über Makadam; es gab abenteuerliche Umleitungen und Fahrten durch ausgetrocknete Flussbetten. Oft nur im zweiten Gang bewältigten die Krügers 800 Kilometer in drei Tagen *(Bild links)*. Geschlafen wurde am Straßenrand im Auto. Die Vordersitze wurden herausgenommen und mit der Rückenlehne zur Fahrzeugmitte Richtung Schaltung wieder hineingestellt. Es kam noch eine Luftmatratze ins Auto und schon hatte man den schönsten Schlafplatz.

▲ Was für ein Panorama! Die Freunde Dieter Ziemmeck und Gerhard Hofmann aus Baunatal fuhren 1959 mit der **BMW Isetta** 600 ccm über den Großglockner zum Wörthersee. Die Fahrt über den Pass dauerte viereinhalb Stunden bei einer Geschwindigkeit von 5 km/h. Das Foto entdeckte Dieter Ziemmecks Tochter **Christina Siebert** im Familienalbum.

▲ Und noch ein Bild der **Familie Krüger**, das 1964 entstand. Wie ein treues Hundchen wartet der **Fiat** vor dem Zelt am Lago Maggiore auf ein neues Abenteuer.

▶ Mit seinem **Käfer** Baujahr 1958 zog es **Erich Knothe** aus Vellmar im Spätsommer 1959 nach Jugoslawien.

▲ Heutzutage unvorstellbar ist die Möglichkeit, über die Sperrmauer am Edersee zu fahren. 1965 machte **Uwe Schmidt** aus Schwalmstadt das Foto vom **VW-Käfer** auf der Sperrmauer, durch die gerade ungeheuere Wassermassen abgelassen werden.

▶ Jeder reist, wie er gerade möchte, ob im Zug, mit dem Auto oder auf dem Motorrad, hier Marke **Zündapp**. Der Schnappschuss, der ebenfalls von **Uwe Schmidt** stammt, wurde im März 1953 bei Allendorf/ Landsburg im Kreis Ziegenhain aufgenommen.

▲ Zu **Uwe Schmidts** Erinnerungen gehört auch ein Familienausflug im **Opel Rekord** und **VW-Käfer**, beide Baujahr 1955, im September 1962. Ziel war die Autobahnraststätte Rimberg im Knüllgebirge.

▶ Gerne erinnert sich **Elli Schäfer** aus Bad Zwesten an Fahrten mit ihrem Mann auf der **Standart**. Das Motorrad hatte einen 4-Takt-Motor und ein Drei-Gang-Getriebe mit Tankschaltung. Gebaut wurde es Anfang der 30er Jahre. Das Foto entstand 1951 bei einem Ausflug an den Edersee.

▲ Wenn man es beim Picknick gemütlich haben wollte, wurden kurzerhand die Vordersitze ausgebaut. **Karl Stock** aus Kassel machte das gerne während des Campingurlaubes 1955 in Vaduz/Liechtenstein. Das Auto ist ein **Champion** mit 398 ccm, 14 PS und drei Sitzen aus dem Baujahr 1952.

▶ Es ging aber auch so: Klappstühle, Klapptischchen, Tischdecke, Picknickkorb und Geschirr waren im **VW-Käfer** verstaut, wurden bei Bedarf aufgebaut und sorgten für ein fürstliches Essen inmitten der Natur. **Johannes Vössing** aus Fuldatal schickte das Foto vom stilvollen Dinner, das 1962 entstand.

▲ Mit ihrem Bruder Heinrich Sippel aus Treysa und seinem **Opel Kapitän**, Baujahr 1956, verlebte **Hildegard Kempf** (geborene Sippel, oben auf dem Kühler) 1957 in Österreich einen wunderschönen Urlaub. Da sie vorher ihren Führerschein gemacht hatte, ließ der Bruder seine Schwester sogar für kurze Teilstrecken ans Steuer.

▶ Die große weite Welt war zuviel für die **Credette** mit nur einem Gang von **Hans Germandi** aus Kassel. Aber bis zur Kragenhöfer Brücke an der Fulda konnte man fahren, auch wenn man an Steigungen schon mal mittreten musste, um hoch zu kommen. Das Motorrad wurde von der Firma Credé in Kassel-Niederzwehren gebaut.

▲ Gleich die ganze Fußball-Mannschaft des KSV Hessen ging hier auf große Fahrt. Mit dem **Mercedes-Bus** Baujahr 1949 startete die Mannschaft 1950 zu einer Fahrt nach Stuttgart, wie sich **Erich Knothe** aus Vellmar erinnert.

▶ Das neue Auto wurde gleich mit den Freunden ausprobiert. **Rolf Neuhaus** aus Wabern-Zennern lehnt lässig an der Tür seines **NSU-Prinz 1000L**, Baujahr 1965, 43 PS, den er zum Neupreis von 5 500,– DM gekauft hatte. Das Foto entstand beim Maiausflug am Ortsausgang von Fritzlar-Rothelmshausen.

Einen Roller der Marke **Zündapp „Bella“** erstand **Heinz Zick** aus Kassel im Jahr 1954. Er hatte diesen Typ gewählt, weil der sich bestens als Reiseroller eignete. „Bei unseren Urlaubsfahrten war die Bella der reinste Lastesel“, schreibt Heinz Zick: zwei kleine Koffer, ein großer Koffer, ein verpacktes Zwei-Mann-Zelt und ein selbst gebastelter Korb für schnell erreichbare Utensilien fanden neben zwei Personen Platz. Das beträchtliche Gesamtgewicht schaffte der Zweitaktmotor mit 10,5 PS mühelos *(Bild oben)*. 1957 reisten die Zicks zu einem Campingurlaub nach Italien. Die Brennerautobahn war noch nicht gebaut, es gab nur die alte Brennerstraße, die zum Grenzübergang nach Italien führte, wo das Bild entstand *(unten)*.

▲ Ein typisches Foto am klassischen Ausflugsziel: Romantisch mit Burg Waldeck und dem Edersee im Hintergrund zeigt sich hier eine junge Familie, die Anfang der 50er Jahre von **Uwe Schmidt** aus Treysa fotografiert wurde. Das Auto ist ein alter **Ford**, Baujahr um 1951.

▲ Wozu so eine **Isetta** doch alles gut ist! Beim Flugtag auf der Wasserkuppe benutzten **Christa Möller** aus Melsungen und **Familie Döring** aus Lobenhausen ihre Autos als Ausguck.

Der Straßenverkehr nahm bereits anfangs der 50er Jahre rapide zu. Immer mehr Fahrzeuge drängten auf die Straßen, es gab jede Menge Unfälle und die Verkehrspolizei hatte reichlich zu tun. Noch sah der Gesetzgeber allerdings keinen Anlass zum Handeln. Die Alkoholgrenze lag bei einem sagenhaften Wert von 1,5 Promille, Geschwindigkeitsbeschränkungen gab es weder innerhalb noch außerhalb geschlossener Ortschaften. Erst 1965 wurde das zweite Straßenverkehrsgesetz verabschiedet, das unter anderem Strafen für Verkehrssünder vorsah.

▶ Ab 1960 gab es Alkoholteströhrchen. Auf dem Bild von **Reiner Gasse** macht sich **Polizeimeister Manfred Bode** vom Polizeikommissariat Frankenberg mit der Handhabung der Röhrchen vertraut.

◀ Vielen Berufstätigen wurde ihre Arbeit durch den Einsatz von Autos, LKWs oder auch Traktoren erheblich erleichtert. Mit einem **Tempo** aus dem Jahr 1936, der bereits einen Kriegseinsatz hinter sich hatte, belieferte August Bautsch in den 50er Jahren die Kundschaft rund um und in Oberlistingen mit Obst und Gemüse. Ihr Bruder Georg war sehr stolz auf das Fahrzeug der Familie, erinnert sich **Annemarie Nowotny** (geborene Bautsch) aus Niestetal.

▲ Dicke Beulen auf dem Kotflügel und am Dach des **VW-Käfers** waren die Folge eines Zusammenstoßes mit einer Radfahrerin am 2. September 1952. Der Unfall geschah auf der Bundesstraße 252 zwischen Bottendorf und Ernsthausen im damaligen Kreis Frankenberg. Ob die Radfahrerin den Unfall unbeschadet überstanden hat, teilte der Einsender des Bildes, **Reiner Gasse** aus Allendorf, nicht mit.

◀ Auch die Polizei kommt nicht unbedingt ungeschoren davon, wie ein weiteres Foto aus der Sammlung von **Reiner Gasse** zeigt. Der Unfall mit erheblichem Sachschaden geschah am 7. Juni 1956 auf der Bundesstraße 252 zwischen Bottendorf und Frankenberg. Beteiligt waren ein Bagger, der auf einer Baustelle an der Bundesstraße gestanden hatte, und ein PKW der Polizeiverkehrsbereitschaft Marburg in Cölbe. Diese Autos nebst den dazugehörigen Polizisten wurden im Volksmund „**weiße Mäuse**“ genannt.

▲ Das Auto als Werbeträger nutzte der Vater von **Marion Würfel** (heute Fuldabrück). In ihrem Elternhaus, Hotel Gesemann in Rotenburg an der Fulda, befand sich Anfang der 50er Jahre das Kino „Ton-Theater“. Bei besonderen Großfilmen wurde der **Opel Olympia** bemalt, beschriftet oder auch mit Filmplakaten beklebt und der Hotelbesitzer oder der Filmvorführer fuhren über die Dörfer des Kreises, um damit und mittels einer Lautsprecheranlage Reklame für den Film zu machen.

◀ Den ersten Krankenwagen im Raum Borken fuhr **Christel Heßlers** Vater Waldemar. Es war ein **DKW Kastenwagen** aus dem Jahr 1952, der hier samt Fahrer im Bild festgehalten wurde.

▲ Auch die Geschäftsleute Fischer aus Treysa nutzten ihren alten **Auto-Union**, um mit beschrifteten Seitenscheiben auf ihr Nähmaschinen-Geschäft aufmerksam zu machen. Das Bild von **Uwe Schmidt** entstand 1951.

◀ Auch die Kinder mussten mit den Anforderungen im Straßenverkehr umgehen lernen. Auf dem Foto aus dem Jahr 1954 aus der Sammlung von **Reiner Gasse** aus Allendorf erläutert Polizeimeister Manfred Bode (Polizeikommissariat Frankenberg) jungen DRK-Mitgliedern die Verkehrszeichen.

◀▼ **Traktoren** gehörten zum täglichen Erscheinungsbild auf den nordhessischen Straßen. In Frankenau fuhr im Jahr 1952 Karl Tönjes mit Kind und Kegel auf seinem **Allgeier Porsche** durchs Dorf *(Bild links)*. Eine Handvoll junger Männer nutzte 1957 sichtlich erfreut die Gelegenheit, auf einem leeren Heuwagen bei Allendorf mitzufahren. Auch die Bauern haben Spaß an der ausgelassenen Meute, wie das Bild *(unten)* von **Uwe Schmidt** aus Treysa zeigt.

Echte Motorsportfreaks trafen sich bald nach Kriegsende und gründeten 1948 den Kurhessischen Motorsport-Club Kassel (KMCK) neu, der bereits in den Jahren von 1926 bis 1933 bestanden hatte. Dieser Club organisierte vor allem in den 50er und 60er Jahren motorsportliche Großereignisse in Kassel, die bei der Bevölkerung riesigen Anklang fanden und Rennfahrer aus ganz Deutschland anzogen. Über 10000 Besucher sahen 1950 das Sandbahnrennen an der Frankfurter Straße, an dem Motorradfahrer teilnahmen. Nachdem das Auestadion fertig gebaut war, fanden die Rennen ab 1953 dort statt.

▲ Im gleichen Jahr brachte der ADAC eine Broschüre mit dem Titel „Autofahrten um Kassel" heraus. Es war ein kleiner Reiseführer, der verschiedene Ausfahrten in und um Kassel beschrieb und ausgesprochen gut ausgearbeitete Tourenpläne bot.

▼ Am 19. August 1951, senkte sich die Startflagge zum ersten **Herkules-Bergring-Motorradrennen**. Das Rundstreckenrennen mit 31 schwierigen Kurven ging durch den Bergpark Wilhelmshöhe: Start war in Höhe des Gewächshauses, es ging Richtung Wilhelmshöher Allee, den Mulang hinauf, vorbei an Löwenburg, Steinhöfer Wasserfall und Aquädukt wieder Richtung Start. 50000 Zuschauer waren an dem Tag in den Bergpark gekommen, um das Spektakel mit über 100 Motorrädern in verschiedenen Disziplinen zu sehen. Als besondere Attraktion jagte in der Mittagspause der deutsche Sportwagenmeister **Walter Glöckler** mit seinem Porsche um den Rundkurs.

▲ Start der Motorräder in der 500er Klasse in Höhe des Gewächshauses. Die Startnummer drei, eine **englische Triumph**, wird gefahren vom späteren Sieger des Rennens, **Harald Ströh** aus Kiel.

▶ Die Winterfahrt des ADAC Hessen mit Wertung für die Deutsche Meisterschaft fand ebenfalls 1954 bei eisiger Kälte statt. 17 Aktive des KMCK waren dabei, unter ihnen **Friedrich Happel** und **Manfred Brensell**, die hier mit ihrem Wagen schnittig um die Kurve sausen. Im gleichen Jahr verlor der KMCK gleich zwei seiner Großveranstaltungen: Das Sandbahnrennen durfte nicht mehr stattfinden, weil das Auestadion nur noch für Rasensport und Leichtathletik genutzt werden sollte. Und auch am Bergpark heulten in diesem Jahr die Motoren der Rennmaschinen das letzte Mal. Die Verwaltung der Schlösser und Gärten war für einen nötigen Ausbau der Strecke nicht zu begeistern und auch Dr. Rohrbach, Leiter des Kneipp-Sanatoriums am Bergpark, war gegen den Ausbau, der mehrere Rennen im Jahr mit sich gebracht hätte.

▲Erst zwei Jahre später knüpfte der KMCK mit dem Motocross-Rennen auf der Dönche an die Großveranstaltungen an. Von 1956 bis 1961 fand dieser Geländefahrer-Wettbewerb jährlich statt. Dann erlaubte das Militär, dem die Dönche als Übungsplatz diente, die Rennen nicht mehr.

▶1964 organisierte Clubmitglied Dr. Joachim Kühling erstmals das Langenbergrennen an der Landstraße zwischen Großenritte und Niedenstein, das bald zu einer Motorsportveranstaltung mit weit reichendem Namen wurde. Als Lauf zur Deutschen Bergmeisterschaft der Tourenwagen wurde das Rennen zum ersten Mal im Jahr 1966 gewertet. Über 100 Fahrzeuge waren gemeldet, darunter neun Renner der Formel V, wie auf diesem Bild der Apal Formel V-Renner mit **Max Egon Magner** aus Wuppertal.

◀1967 dann starteten bereits Formel-3-Fahrer mit ihren Rennautos am Langenberg (hier wird gerade einer von **Karl-Bernd Appell** auf den Weg geschickt). 1969 kam das Aus für die beliebten Langenbergrennen. Die schnellsten Fahrzeuge erreichten im unteren Streckenteil enorme Geschwindigkeiten bis 200 km/h. Das war den Veranstaltern um Rennleiter Jürgen Säckl zuviel, denn die Sicherheit von Fahrern und Zuschauern konnte nicht mehr gewährleistet werden. In den Folgejahren veranstaltete der KMCK unter anderen die Rennen am Flugplatz Calden. Im Jahr 2001 feierte der Verein sein 75-jähriges Entstehen. Die Bilder in diesem Kapitel sind der Festschrift des KMCK entnommen.